Hala Hamdy Abd El- Gawad
Fatma Mostafa Mohammed Abd-Allah
Mohamed El-Menshawi Hussein Shalabi

Reciclagem de resíduos de óxido de ferro de El-Dekhaila e sua redução pelo hidrogénio

Hala Hamdy Abd El- Gawad
Fatma Mostafa Mohammed Abd-Allah
Mohamed El-Menshawi Hussein Shalabi

Reciclagem de resíduos de óxido de ferro de El-Dekhaila e sua redução pelo hidrogénio

Redução α Energia de ativação

ScienciaScripts

Imprint

Cover image: www.ingimage.com

This book is a translation from the original published under ISBN 978-3-659-86533-6.

Publisher:
Sciencia Scripts
is a trademark of
Dodo Books Indian Ocean Ltd. and OmniScriptum S.R.L publishing group

120 High Road, East Finchley, London, N2 9ED, United Kingdom
Str. Armeneasca 28/1, office 1, Chisinau MD-2012, Republic of Moldova, Europe
Managing Directors: Ieva Konstantinova, Victoria Ursu
info@omniscriptum.com

Printed at: see last page
ISBN: 978-620-8-53797-5

Conteúdo

RECONHECIMENTO

Os autores gostariam de agradecer à **LAMBERT Academic Publishing** pela produção deste livro. Gostaríamos de expressar os nossos sinceros agradecimentos ao **Dr. N.A. El-Hussiny**, Central Metallurgical Research and Development Institute, (CMRDI). Cairo, Egito. pela supervisão e ajuda ao longo desta investigação.

Um agradecimento especial à **Dra. Abeer H. Makhlouf**, professora assistente de patologia vegetal, Universidade de Minufiya - Egito e Universidade King Khalid, Arábia Saudita, pela sua grande ajuda.

Parte 1

Produção de resíduos de óxido de ferro de El-Dekhaila sob a forma de briquete e redução por hidrogénio gasoso

Capítulo 1: Introdução

A El-Dekhaila iron Co. importava as pelotas do exterior do Egito. Durante o transporte do exterior para a empresa, formavam-se muitos finos (finos de pelotas residuais), que não eram adequados para a redução no forno de redução.

Asima e Itishree [1] indicaram que o alto-forno é utilizado principalmente para a produção de ferro-gusa em todo o mundo. Assim, porque tem uma taxa de produção muito elevada e também um maior grau de utilização do calor a um nível notável, uma vez que aqui é utilizado o princípio de troca de calor por contracorrente.

A redução de óxidos de ferro através de redutores gasosos e sólidos já foi amplamente estudada [2].

Damien et al [3] concluíram que a redução dos minérios de ferro pelo hidrogénio é uma reação gás-sólido que ocorre em duas ou três fases. Para temperaturas superiores a 570°C, a hematite (Fe_2O_3) transforma-se primeiro em magnetite (Fe_3O_4), depois em wustite ($Fe_{1-y}O$) e, por fim, em ferro metálico, ao passo que, a temperaturas inferiores a 570°C, a magnetite transforma-se diretamente em ferro, uma vez que a wustite não é termodinamicamente estável.

Jouhart et al [4] indicaram que todos os resíduos contendo ferro gerados no local da fábrica podem ser recuperados na mistura de carga de sinterização. Os finos das pelotas de óxido de ferro são caracterizados por um elevado teor de óxido de ferro e um baixo teor de sílica.

Mohamed et al [5] concluíram que a reciclagem de alguns resíduos de óxido de ferro caracterizados por um elevado teor de óxido de ferro, como os resíduos de pellets de óxido de ferro de El-Dekhaila, durante a sinterização do concentrado de ferro. Os resultados mostram que a substituição do concentrado de minério de ferro por 10% de pellets de óxido de ferro fino aumenta a quantidade de sínter pronto, a resistência do sínter e a produtividade da máquina de sinterização e do estaleiro do alto-forno. Este trabalho teve como objetivo briquetar os resíduos de pellets de óxido de ferro presentes na El- Dekhaila iron Co. e reduzi-los em leito estático com hidrogénio (o hidrogénio é o melhor redutor e/ou combustível do ponto de vista ambiental e da cinética de redução).

Capítulo 2: Trabalho experimental

2.1. Matéria-prima

Os granulados de resíduos de El-Dekhaila utilizados neste trabalho foram fornecidos pela empresa siderúrgica El-Dekhaila (Alexandria, Egito). As análises químicas deste granulado são as seguintes: Fe total = 66,5%, Fe2O3 = 95%, SiO2 = 1,5% e CaO = 0,7%.

A radiografia dos resíduos de pellets de El-Dekhaila é ilustrada na Fig.1, a partir da qual é evidente que o principal composto destes resíduos é a hematite.

2.2. Preparação da briquetagem e suas propriedades físicas

Os aglomerados de resíduos de El-Dekhaila foram triturados num moinho vibratório até ficarem em pó com um tamanho inferior a 75 micrómetros. O pó fino de resíduos (10 g) é misturado com 3% de melaço e, em seguida, prensado no molde (12 mm de diâmetro e 22 mm de altura, utilizando a prensa hidráulica MEGA.KSC-10) Fig. 2[6] sob diferentes pressões (a gama de pressões vai de 75 MPa a 275 MPa). O número de queda indica quantas vezes o briquete verde pode ser deixado cair de uma altura de 46 cm antes de apresentar fissuras perceptíveis ou esfarelar. Dez briquetes verdes são deixados cair individualmente sobre uma placa de aço. O número de quedas é determinado para cada briquete. A média aritmética dos valores do comportamento de esfarelamento dos dez briquetes dá origem ao número de gotas. A resistência média ao esmagamento é feita através da compressão de 10 briquetes entre placas de aço paralelas até à sua rutura [7].

2.3. Procedimentos de redução

A redução de El-Dekhaila por hidrogénio foi feita num aparelho termogravimétrico (um diagrama esquemático do aparelho termogravimétrico é mostrado na Fig. 3 [6, 8 - 13] Consistia num forno vertical, numa balança eletrónica para monitorizar a mudança de peso da amostra em reação e num controlador de temperatura. A amostra foi colocada num cesto de Ni-Cr que foi suspenso sob a balança eletrónica por um fio de Ni-Cr. A temperatura do forno foi aumentada até à temperatura requerida (700-950°C) e mantida constante a ± 5 °C. De seguida, as amostras foram colocadas na zona quente. O caudal de azoto foi de 0,5 l/min em todas as experiências. No momento inicial e após o final da redução, apenas o peso da amostra foi continuamente registado. No final do ensaio, as amostras foram retiradas do forno e colocadas nos exsicadores. A quantidade de oxigénio removível foi determinada pela perda de peso da amostra (WoW) durante a experiência de redução com H2 no forno. A percentagem de redução foi calculada de acordo com as seguintes equações [14-15].

Percentagem de redução = (Wo-Wt) x100/ Wo

Onde Wo a massa inicial da amostra.

Massa em peso da amostra após cada tempo, t.

O oxigénio (massa) indica a percentagem de oxigénio em massa nos resíduos finos de El-Dekhaila sob a forma de Fe_2O_3.

Capítulo 3: Resultados e discussão

3.1. Efeito da carga de prensagem na qualidade dos briquetes produzidos

A resistência ao dano por queda e a resistência à compressão dos briquetes produzidos em relação a diferentes cargas de prensagem e a uma quantidade constante de melaço (3%) são mostradas nas Figuras 4-7. A partir destas figuras, verificou-se que, à medida que a carga de prensagem aumentou de 87 para 261 MPa, a resistência ao dano por queda e a resistência à compressão para os briquetes verdes e secos (tempo de secagem de 3 dias) aumentaram e atingiram os seus valores máximos a 261 MPa. Isto pode ser atribuído ao facto de o aumento da carga de prensagem levar ao aumento do número de pontos de contacto entre as partículas e, subsequentemente, ao aumento da força de Vander Waals [9, 16-18].

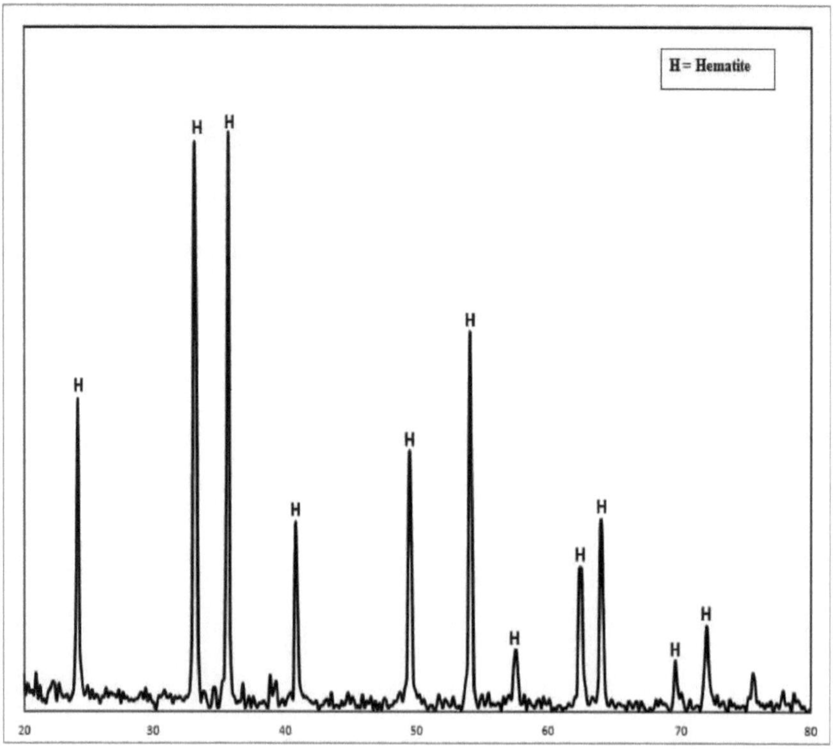

Fig.1. Radiografia dos resíduos de briquetes de El-Dekhaila

Fig.2 Prensa hidráulica MEGA.KSC-10

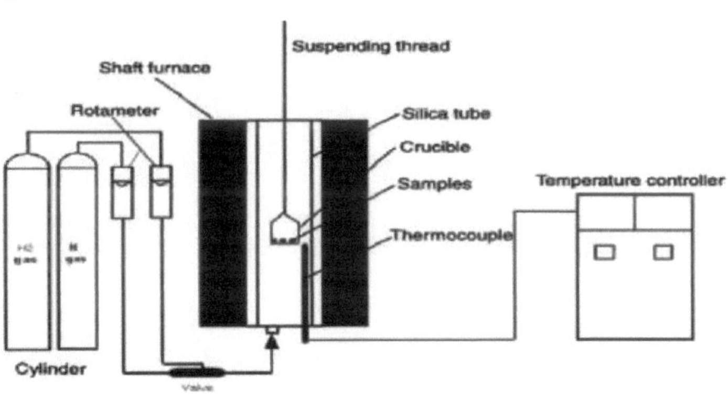

Fig.3. Diagrama esquemático do aparelho.

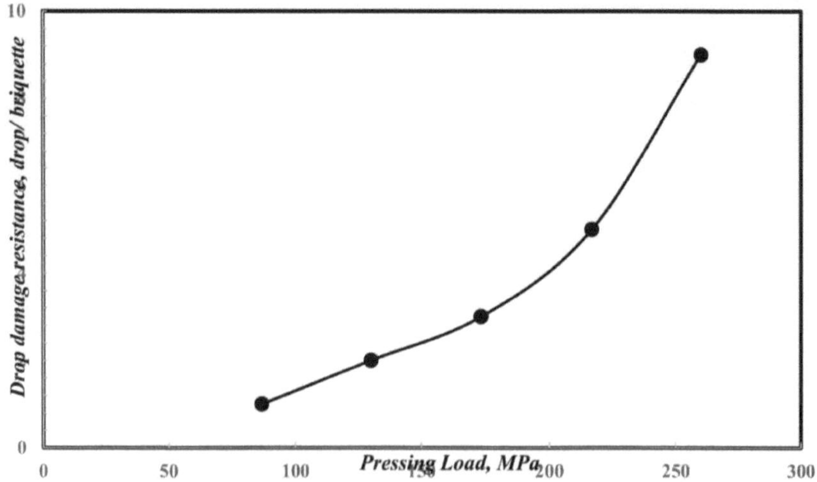

Fig.4 Relação entre o número de gotas do briquete verde e a carga de prensagem

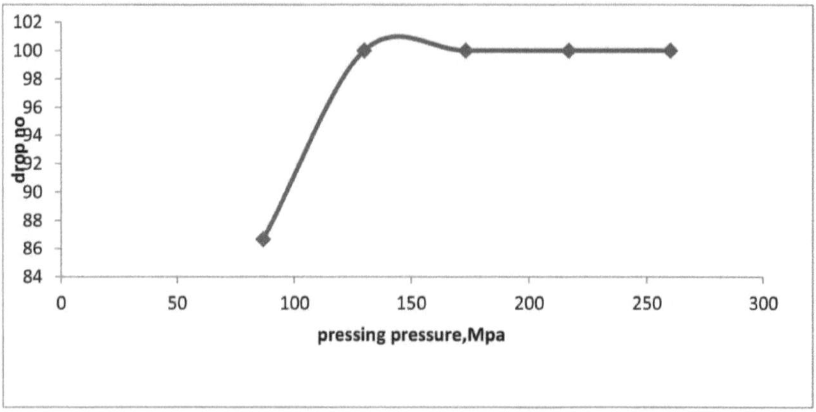

Fig.5 Relação entre o número de gotas do briquete seco após 3 dias e a carga de prensagem

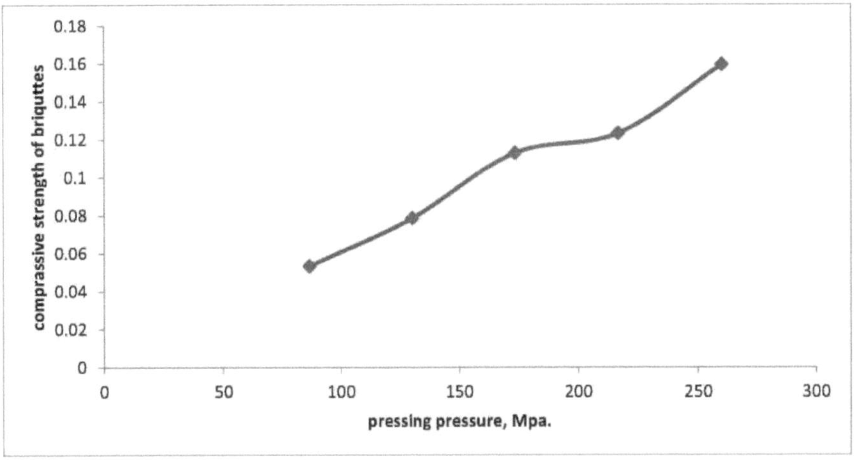

Fig.6 Relação entre a resistência do briquete verde e a carga de prensagem

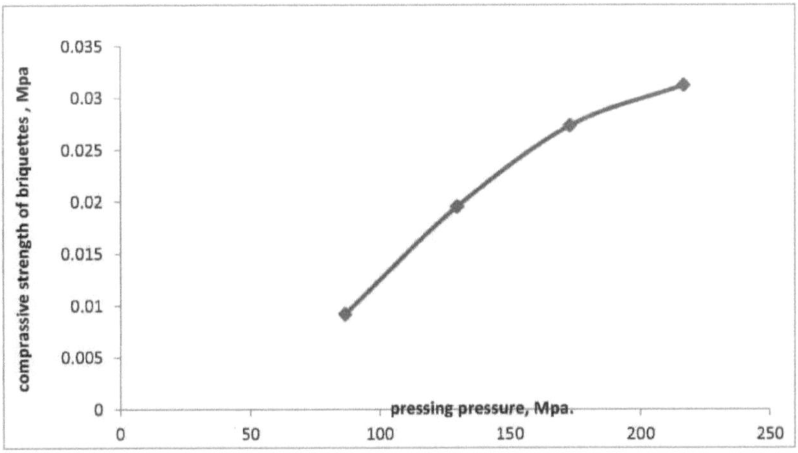

Fig.7 Relação entre a resistência do briquete seco após 3 dias e a carga de prensagem

3.2 Efeito do caudal de hidrogénio na redutibilidade dos briquetes de resíduos de El-Dekhaila a 900°C

A Figura 8 mostra o efeito de diferentes caudais na percentagem de redução dos resíduos de óxido de ferro de El-Dekhaila quando a redução foi efectuada a uma temperatura constante (900°C), o peso da amostra era constante e esta amostra foi prensada a 261 MPa. . É evidente que, à medida que o caudal de hidrogénio aumenta, a percentagem de redução aumenta. Isto pode dever-se ao facto de o aumento do caudal levar a um aumento do número de moles de hidrogénio na fase a granel, o que, por sua vez, leva a um aumento da adsorção de hidrogénio. Deste modo, a taxa de reação aumenta (13, 18-19) ou o aumento do caudal aumenta a difusão do gás através da camada limite, aumentando subsequentemente (13, 18-20). Também pode ser o caudal mais elevado que prevalece na zona de reação que aumenta a taxa de absorção de hidrogénio e, subsequentemente, a taxa de etapas da reação química aumentada (18, 21).

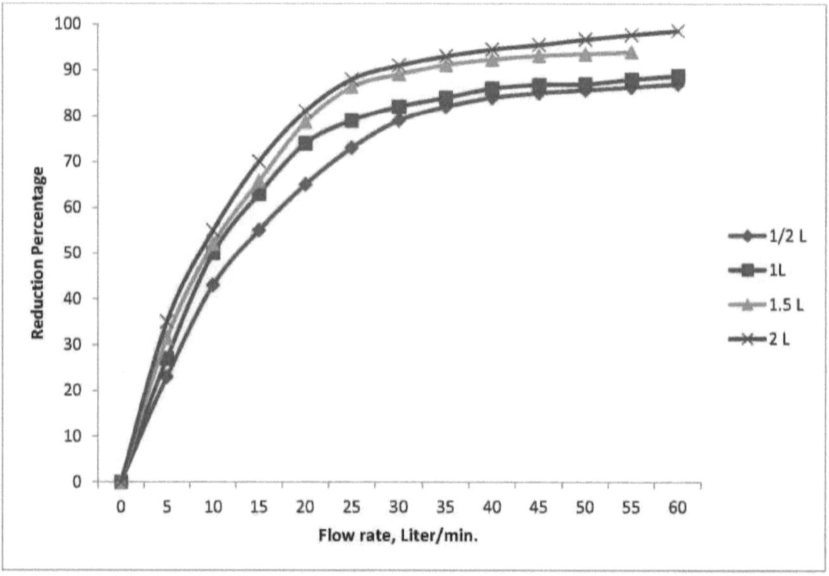

Fig. 8 - Efeito do caudal de hidrogénio na redução do briquete de resíduos de El-Dekhaila

3.3- Efeito da variação da temperatura na percentagem de redução

A fim de examinar o efeito da temperatura na redução do briquete de resíduos de El-Dekhaila por um caudal de hidrogénio de 2 L/min, foram realizadas experiências a 700 - 950°C. Os gráficos da percentagem de redução em função do tempo são apresentados na Fig. 9. A partir desta figura, observa-se que a temperatura de redução influencia significativamente a percentagem de redução

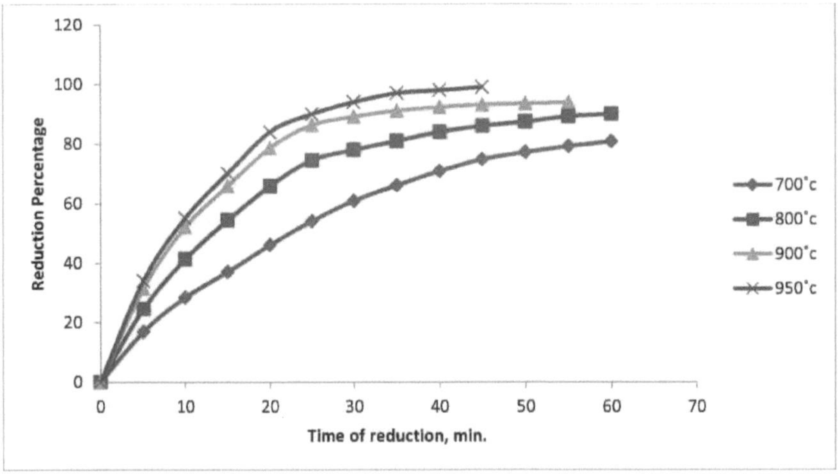

Fig.9 - Efeito da temperatura de redução na redução do briquete de resíduos de El-Dekhaila

3.4- Cinética de redução do briquete

Os estudos cinéticos para estimar as energias de ativação aparentes foram realizados para os briquetes a diferentes temperaturas, desde 700°C até 950°C, para diferentes intervalos de tempo na gama de 0 - 60 min. Utilizando a equação de controlo do processo de difusão (Equação de Jander e Anorg) [22-24]

$[1 - (1\text{-}R)^{1/3}]^2 = kt$

Onde R é a redução fraccionada, t é o tempo de redução, k é a constante de velocidade.

A Fig. 10 ilustra a relação entre $[1 - (1\text{-}R)^{1/3}]^2$ e o tempo de redução para diferentes temperaturas de redução. A partir da qual é evidente que foi observada uma linha reta.

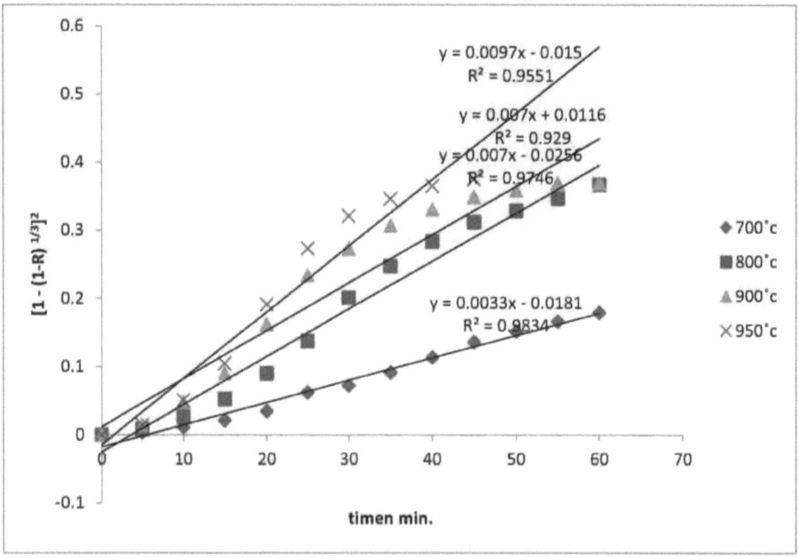

Fig. 10 A relação entre [1 - (1-R) $^{1/3}]^2$ e o tempo de redução

Os logaritmos naturais foram utilizados de acordo com a equação de Arrhenius para calcular as energias de ativação da reação de redução. Os resultados estão ilustrados na Fig. 11, de onde se conclui que a energia de ativação é de 36,12 kJ/ mol.

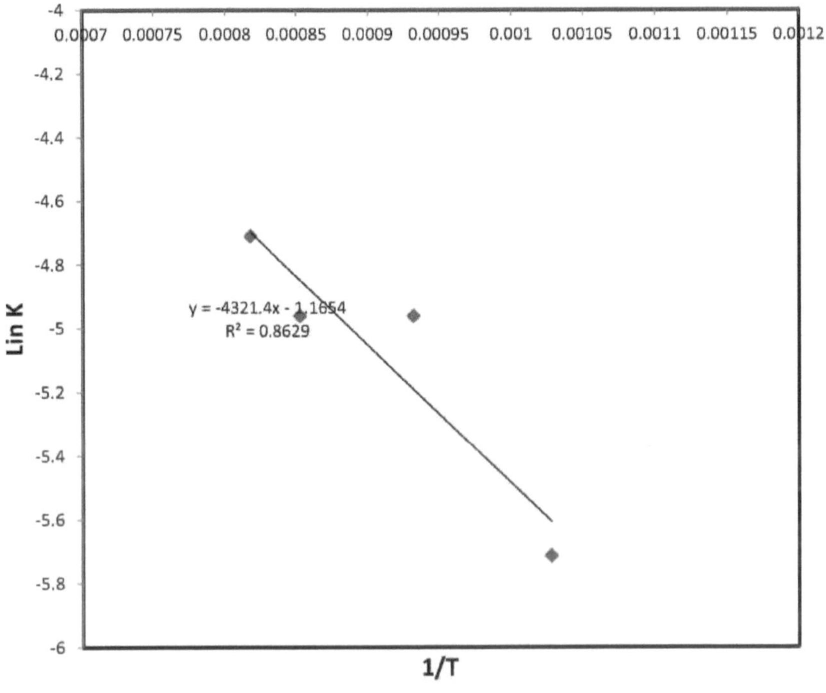

Fig.11 Relação entre ln k e 1/T

3.5 Análises de raios X dos briquetes reduzidos

As figuras 12 e 13 mostram as fases produzidas após a redução pelo hidrogénio a 700 e 950 °C. A partir destas figuras é claro que à temperatura de 950 °C a redução está quase concluída e toda a hematite quase convertida em ferro metálico, a presença de magnetite nos raios X pode ser devida à oxidação secundária da amostra, enquanto a redução a 700 °C a redução não está concluída e o minério convertido em ferro metálico, magnetite e wustite.

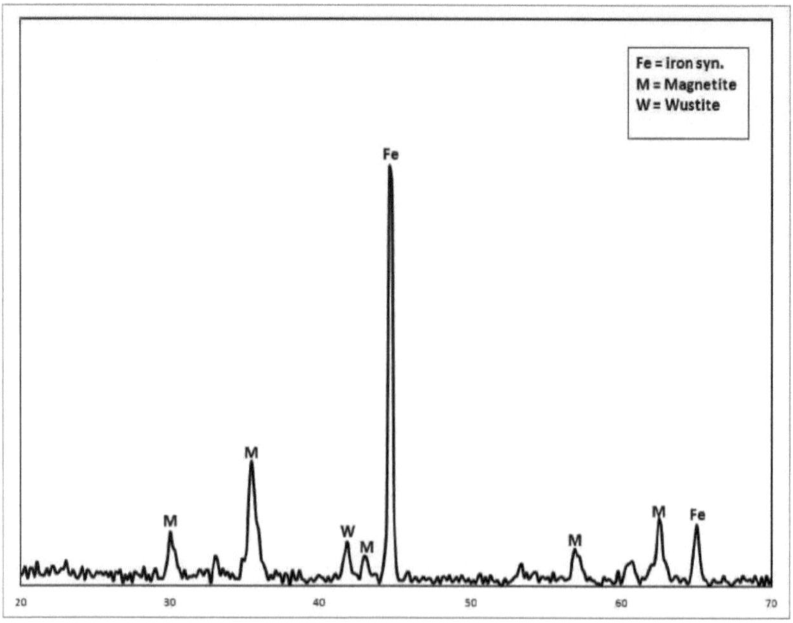

Fig.12 Análises de raios X da amostra reduzida pelo hidrogénio a 700 ºC

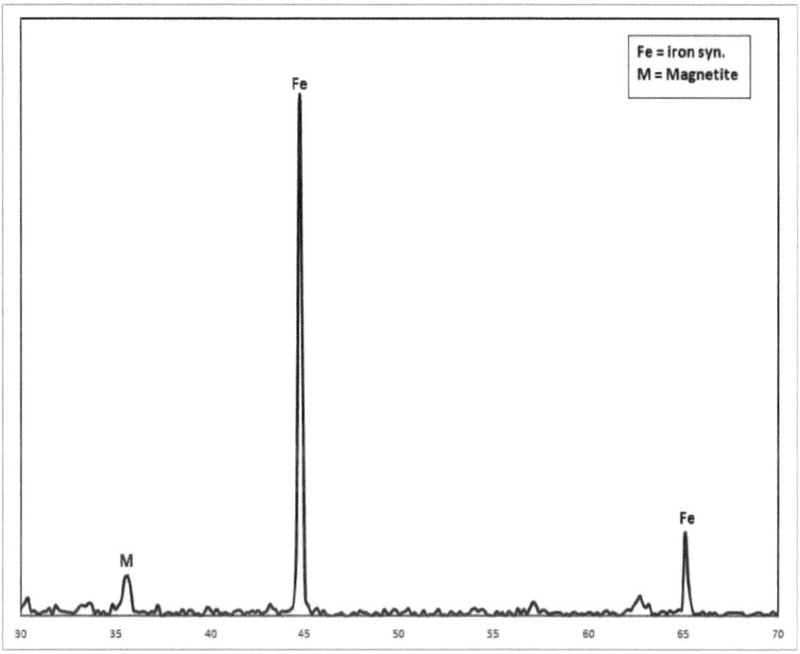

Fig.13 Análises de raios da amostra reduzida pelo hidrogénio a 950 ºC

Conclusões

Neste estudo, os resultados indicam que:

1-A resistência à compressão e a resistência ao dano por queda dos briquetes aumentaram com o aumento da pressão de prensagem até 260,09 MPa. a 3% de melaço.

2- As taxas de redução aumentaram com o aumento da temperatura de redução de 700 para 950°C.

3- A taxa de redução aumentou com o aumento do caudal de hidrogénio a uma temperatura constante.

4- O processo de difusão através dos briquetes produzidos é a etapa de controlo da redução e os briquetes têm uma energia de ativação = 36,12 kJ/ mol.

Referências

1- Asima Priyadarsini & Itishree Mishra , Reduction kinetics of iron ore pellets and the effect of binders , Tese apresentada em cumprimento parcial dos requisitos para a obtenção do grau de Bacharel em Engenharia Metalúrgica e de Materiais, Departamento de Engenharia Metalúrgica e de Materiais do Instituto Nacional de Tecnologia, Rourkela , 2007.

2- M. C. Bagatini, V. Zymla, E. Osório e A. C. F. Vilela, "Characterization and Reduction Behavior of Mill Scale," *Isij International*, Vol. 51, No. 7, 2011, pp. 10721079.

3- Damien Wagner, Olivier Devisme, Fabrice Patisson, Denis Ablitzer , A Laboratory study of the reduction of iron oxides by hydrogen, Sohn International Symposium, 27-31 Aug. 2006, San Diego. Actas editadas por F. Kongoli e R.G. Reddy, TMS, vol. 2, pp. 111-120.

4- Jouhart, A.K. Datta, P.. Ray, H.S., Use of iron and steel industry waste in sinter making, Proc. Environment management in metallurgical industries, 169-172, Nova Deli, Allied Puplishers, 2000.

5- F.M. Mohamed, Y.M.Z. Ahmed, M.E.H. Shalabi Uses of iron oxide wastes with iron ore concentrate in sintering process", The Journal of Ore Dressing,10, 19 ,1333, 2008.

6- Nagwa Mohamed Hashem , Bahaa Ahmed Salah , Naglaa Ahmed El-hussiny , Said Anwar Sayed , Mohamed Gamal Khalifa . Mohamed El-Menshawi Hussein Shalabi , Reduction Kinetics of Egyptian Iron Ore by Non Coking Coal , International Journal of Scientific & Engineering Research, Volume 6, Issue 3, 846- 852 , março-2015.

7- K. Mayer, "Pelletization of Iron Ores", Springer-Verlag Berlin Heidelberg, (1980).

8- Naglaa Ahmed El-Hussiny ,Inass Ashraf Nafeaa, Mohamed Gamal Khalifa , Sayed Thabt.Abdel-Rahim, Mohamed El-Menshawi Hussein. Shalabi, Sinterização do briquete de minério de ferro egípcio com cal e redução do mesmo através de hidrogénio, International Journal of Scientific & Engineering Research, Volume 6,

Issue 2, fevereiro-2015 , pp.1318-1324.

9- F. M. Mohamed, Y. M. Z. Ahmed e M. E. H. Shalabi, "Briquetting of Waste Manganese Ore Sinter Fine Using Different Binding Materials," Environmental Issues and Waste Management in Energy and Mineral Production Swemp, 2004, pp. 567-573.

10- El-Hussiny, N.A. e Shalabi, M.E.H. (2011) Um Produto Intermédio Auto-Reduzido a partir de Resíduos de Chapas de Ferro e Aço Utilizando um Processo de Briquetagem. Powder Technology, 205, 217-223.

11- N. M. Gaballah, A. F. Zikry, M. G. Khalifa, A. B. Farag, N. A. El-Hussiny, M. E. H. Shalabi , Produção de ferro a partir de resíduos industriais de escala de moagem através de hidrogénio, Open Journal of Inorganic Non-Metallic Materials, 2013, 3, 23-28.

12- Naglaa Ahmed El-Hussiny, Atef El-Amir, Saied Thabet Abdel-Rahim, Khaled Elhossiny, Mohamed El-Menshawi Hussein Shalabi , Cinética de Redução Direta Titanomagnetite Concentrate Briquette Produzido a partir de Rossetta- Ilmenite via Hidrogénio OALibJ2 agosto 2014| Volume 1, e662.

13- Naglaa Ahmed El-Hussiny , Hassan Hussein Abdul-Wahab , Mohamed Mahmoud Ali, Abdud-Lattif Abdel-Motagally Omar , Mohamed El-Menshawi Hussien Shalabi ,Mohamed Reda Moharm , Efeito do Tempo de Moagem da Escama do Moinho nas Propriedades Físico-Químicas dos Briquetes Produzidos e sua Redução via Hidrogénio, OALibJ, outubro 2014, Volume 1,e1016.

14- Lu, W.K e Huang, D.F., 2003. Mecanismos de redução de aglomerados de minério de ferro/carvão. Processamento Mineral e Metalurgia Extractiva, Vol.24, p. 293 - 324.

15- Sterneland, J., Andersson, M.A. e Joussn, P.G., 2003. Comparação da redução de minério de ferro em alto-forno experimental e simulação à escala laboratorial do processo de alto-forno. Jour. Iron making and steelmaking, Vol.30, No.4, p. 313 - 327.

16- S.J. Mangena, V.M. du Cann, "Binderless briquetting of some selected South African prime coking, blend coking and weathered bituminous coals and the effect of coal properties on binderless briquetting", International Journal of Coal Geology 71, 303-312, 2007.

17- O.G. Ingles, em: William A. Knepper (Ed.), "Microstructure in binderless briquetting", Agglomeration, Interscience Publishers, pp. 29-53, 1962.

18- N. M. Gaballah , A. F. Zikry , M. G. Khalifa , A. B. Farag ,N. A. El-Hussiny , M. E. H. Shalabi , Redução cinética da escala do moinho através do hidrogénio, Science of Sintering, 46 (2014) 107-116.

19- Shalabi M.E, "The kinetics of reduction of Baharia iron ores with hydrogen on static bed," M.Sc., El-Tabbin Met- allurgical Institute for Higher Studies, 1973.

20- S.A. Sayed ,G.M. Khalifa ,E.S.R. El-Faramawy e M.E.H.Shalabi , "Kinetic Reduction of Low Manganes Iron Ore by Hydrogen," Egyptian Journal of Chemistry, 45, 1, (2002), 47-66.

21- S.A. Sayed ,G.M. Khalifa ,E.S.R. El-Faramawy and M.E.H.Shalabi, "Reductions Kinetic of El-Baharia Iron Ore in a Static Bed," Gospodarka Surowcami Mineranymi, Vol. 17, Special Issue, (2001), pp. 241-245.

22- Jander, W. e Anorg, Z. (1927) Kinetic Model for Solid-State Reactions. Zeitschrift für Anorganische und Allgemeine Chemie, 163, 1-30.

23- Ammar Khawam, Application of solid state kinetics to desolvation reactions, tese de doutoramento em Farmácia no Graduate College da Universidade de Iowa, maio de 2007.

24- Naglaa Ahmed El-Hussiny, Hassan Hussein Abdul-Wahab, Mohamed Mahmoud Ali,Abdud-Lattif Abdel-Motagally Omar, Mohamed El-Menshawi Hussien Shalabi, Mohamed Reda Moharm , Effect of Grinding Time of Mill Scale on the Physicochemical Properties of Produced Briquettes and Its Reduction via Hydrogen, Open Access Library Journal, October 2014, Volume 1, e1016.

Parte 2

Produção de resíduos de óxido de ferro de El-Dekhaila sob a forma de pellets e redução por hidrogénio gasoso

Capítulo 4: Introdução

A El-Dekhaila iron Co. importou as pelotas do exterior do Egito. Durante o transporte do exterior para a empresa, formou-se uma grande quantidade de finos (finos de pelotas residuais), que não eram adequados para a redução no forno de redução [1]

O hidrogénio provou ser um bom agente redutor, bem como um material amigo do ambiente, uma vez que utiliza H_2O inócuo como produto redutor [2-5].

Hsin-Yu Lin et al [6] indicaram que, quando o minério de hematita foi utilizado com H2 como agente redutor, observou-se uma redução em duas fases: Fe2O3 foi reduzido a Fe3O4 e depois reduzido a Fe metálico. A energia de ativação para as duas etapas de redução do óxido de ferro é de 89,13 e 70,412 (kJ mol-1), respetivamente, e os modelos de redução são o modelo unimolecular para a redução de Fe2O3→Fe3O4 e a nucleação bidimensional de acordo com o modelo de Avarmi-Erofeev para Fe3O4→Fe

Damien et al [7] concluíram que a redução dos minérios de ferro pelo hidrogénio é uma reação gás-sólido que ocorre em duas ou três fases. A temperaturas superiores a 570°C, a hematite (Fe2O3) transforma-se primeiro em magnetite (Fe_3O_4), depois em wustite (Fe1- y O) e, por fim, em ferro metálico, enquanto que a temperaturas inferiores a 570°C, a magnetite é diretamente transformada em ferro, uma vez que a wustite não é termodinamicamente

Pineau et al [8] descobriram que a redução de óxidos de ferro com hidrogénio na faixa de temperatura de 200-680 ◦C leva às seguintes conclusões:

1. A redução da hematite a magnetite pelo H2 é caracterizada por uma energia de ativação aparente de cerca de 76 kJ/mol.

2. O caminho de redução da magnetite a ferro é função da temperatura da reação. A temperaturas inferiores a 420 ◦C, o Fe3O4 é reduzido diretamente a ferro. A 450 < T

< 570 ◦C, a magnetite e a wüstite estão presentes com o ferro. A T > 570 ◦C, a magnetita é totalmente reduzida a wüstita antes de sua redução a Fe.

3. A energia de ativação aparente para a redução de Fe3O4 por H2 diminui de 88 para 39 kJ/mol para temperaturas inferiores e superiores a 420 ◦C.

4. A modelação matemática dos dados experimentais sugere que o mecanismo de controlo é o crescimento bi e tridimensional dos núcleos e a reação de fronteira de fase a uma temperatura mais elevada.

5. A diminuição de Ea em torno de 420 ◦C pode ser atribuída ao recozimento de defeitos da estrutura cristalina da magnetita.

6. A taxa de redução da magnetite com hidrogénio é mais elevada do que a obtida com CO.

Asima & Itishree [9] indicaram que, com o aumento da temperatura, a percentagem de redução das pelotas de minério de ferro aumenta e. Com o aumento do tempo, a percentagem de redução das pelotas aumenta e a cinética de redução do minério de ferro segue a natureza da reação topoquímica e a reação de redução depende da temperatura.

Raymond e Leiv [10] indicaram que a redução da wüstite a ferro metálico parece ser o estágio limitante na redução das pelotas de minério de ferro com mistura de H2 e CO.

Mohamed et al [11] concluíram que a reciclagem de alguns resíduos de óxido de ferro caracterizados por um elevado teor de óxido de ferro, como os resíduos de pellets de óxido de ferro de El-Dekhaila, durante a sinterização do concentrado de ferro. Os resultados mostram que a substituição do concentrado de minério de ferro por 10% de pellets de óxido de ferro fino aumenta a quantidade de sínter pronto, a resistência do sínter e a produtividade da máquina de sinterização e do estaleiro do alto-forno. Siyi, et al [12] descobriram que, quando as pelotas verdes de minério de ferro foram preparadas através da mistura de pó de minério de ferro com biomassa, dolomite e bentonite, as pelotas verdes foram primeiramente pré-aquecidas numa atmosfera sem oxigénio e depois reduzidas pelo gás de síntese produzido a partir da gaseificação catalítica da biomassa. A energia térmica para a redução das pelotas foi fornecida pela combustão da biomassa. Os resultados mostraram que a melhoria da qualidade da DRI pode ser alcançada através do aumento da temperatura de pré-aquecimento, da diminuição do tamanho das pelotas e da adição de dolomite. Em condições óptimas de funcionamento (900 °C de temperatura de pré-aquecimento, 8-10 mm de tamanho das pelotas), foram atingidos 90,1% de ferro total e 94,9% de taxa de metalização,

Hai-bin et al [13] indicaram que:

1- O aumento do hidrogénio ou da temperatura da reação pode acelerar as reacções de redução, devido à reação endotérmica do hidrogénio

2- A adição de apenas um pouco de CO ao H2 diminuiria drasticamente o coeficiente de difusão efectiva do gás em comparação com o hidrogénio puro.

El-Hussiny et al [1] verificaram que:

1- As taxas de redução do briquete de resíduos de óxido de ferro de El-Dekhaila aumentaram com o aumento da temperatura de redução de 700 para 950°C.

2- A taxa de redução aumentou com o aumento do caudal de hidrogénio a uma temperatura constante.

3- O processo de difusão através dos briquetes produzidos é a etapa de controlo da redução e os briquetes têm uma energia de ativação = 36,12 kJ/ mol.

Este trabalho teve como objetivo a peletização dos resíduos de óxido de ferro presentes na siderurgia de El- Dekhaila e a sua redução em leito estático com hidrogénio (o hidrogénio é o melhor redutor do ponto de vista ambiental e da cinética de redução).

Capítulo 5: Trabalho experimental

5.1. Matéria-prima

O granulado fino de resíduos de El-Dekhaila utilizado neste trabalho foi fornecido pela empresa siderúrgica El-Dekhaila (Alexandria, Egito). As análises químicas deste granulado são as seguintes: Fe total = 66,5%, $Fe2O3$ = 95%, $SiO2$ = 1,5% e CaO = 0,7%. [1]

A radiografia dos resíduos de pellets de El-Dekhaila é ilustrada na Fig.1, a partir da qual é evidente que o principal composto destes resíduos é a hematite. [1]

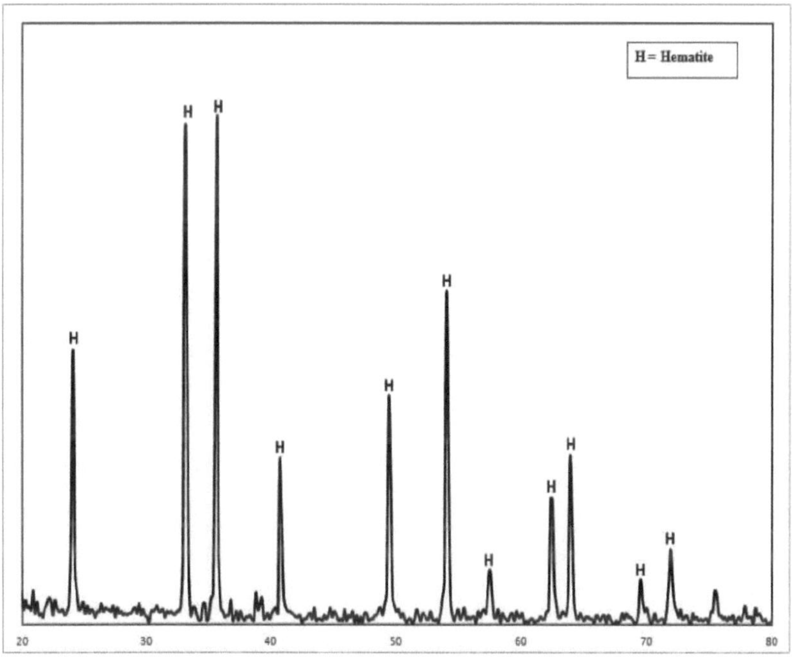

Fig.1. Radiografia dos resíduos de El-Dekhaila Pellets

5.2. Preparação dos granulados e suas propriedades físicas

Os pellets de resíduos de El-Dekhila foram triturados num moinho vibratório até se tornarem pó com um tamanho inferior a 75 micrómetros. Depois disso, a peletização dos **pellets de resíduos de El-Dekhila** foi efectuada num peletizador de disco (Fig.2) com 400 mm de diâmetro, 100 mm de altura de colarinho, ângulo de inclinação de 60

°C, velocidade de rotação do disco de 17 rpm e tempo de residência de 30 min. Depois de os materiais terem sido alimentados na peletizadora, a quantidade de humidade pré-determinada (8,5% de água + 2,5% de melaço) foi então pulverizada sobre o leito rolante de material na peletizadora. Os grânulos verdes com um diâmetro de 5-7 mm foram peneirados para secar ao ar durante 3 dias, para garantir a evaporação de toda a água utilizada durante o processo de granulação

Os grânulos verdes e secos produzidos foram submetidos a um ensaio de número de queda de uma altura de 46 cm e a ensaios de resistência ao esmagamento. O ensaio de resistência ao esmagamento utilizou a prensa hidráulica MEGA.KSC-10)Fig.3 O número de queda indica quantas vezes os granulados verdes ou secos podem ser deixados cair de uma altura de 46 cm antes de apresentarem fissuras perceptíveis ou se desfazerem. Dez granulados verdes ou secos são deixados cair individualmente sobre uma placa de aço. O número de gotas é determinado para cada pelota e a média aritmética dos valores do comportamento de esfarelamento das dez pelotas produz o número de gotas. A força média de esmagamento é feita através da compressão de 10 pelotas pela prensa hidráulica MEGA.KSC-10 até à sua rutura [14-17]

5.3. Procedimentos de redução

A redução das pastilhas de El-Dekhaila pelo hidrogénio foi efectuada num aparelho termogravimétrico (a Fig. 4 apresenta um diagrama esquemático do aparelho termogravimétrico [1, 18 -24]). Este aparelho é constituído por um forno vertical, uma balança eletrónica para monitorizar a alteração de peso da amostra em reação e um controlador de temperatura. A amostra foi colocada num cesto de Ni -Cr que foi suspenso sob a balança eletrónica por um fio de Ni-Cr. A temperatura do forno foi aumentada até à temperatura requerida (700-950 °C) e mantida constante a ± 5 °C. De seguida, as amostras foram colocadas na zona quente. O caudal de azoto foi de 0,5 l/min em todas as experiências. O peso da amostra foi registado continuamente. No final do ensaio, as amostras foram retiradas do forno e colocadas nos exsicadores. A quantidade de oxigénio removível foi determinada pela perda de peso da amostra (Wo-W) durante a experiência de redução com H2 no forno. A percentagem de redução foi calculada de acordo com a seguinte equação [1, 25-26]

Percentagem de redução = (Wo-Wt) x100/ Wo

Sendo Wo a massa inicial da amostra após a remoção da humidade, g.

Massa em peso da amostra após cada tempo, t.

Oxigénio (massa) indica a percentagem de oxigénio em massa nos resíduos finos de El-Dekhaila sob a forma de Fe_2O_3, g.

Fig. 2 Equipamento do peletizador de discos

Fig.3 Prensa hidráulica MEGA.KSC-10

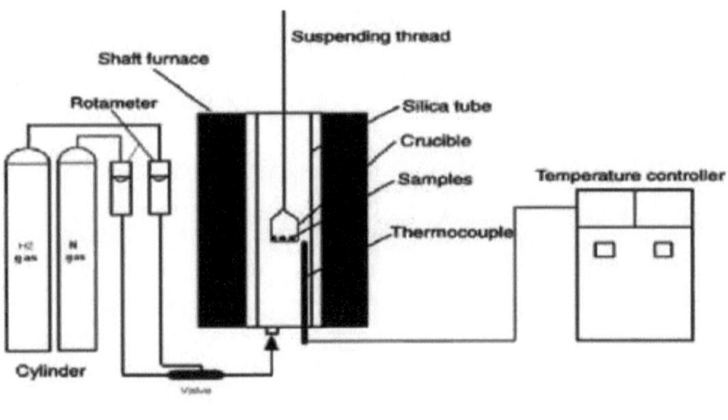

Fig. 4. Diagrama esquemático do aparelho

Capítulo 6: Resultados e discussão

6.1 Qualidade dos granulados verdes e secos produzidos

A resistência ao dano por queda e a resistência à compressão das pelotas verdes e secas produzidas são mostradas na Tabela 1. A partir desta tabela, verificou-se que a resistência ao dano por queda e a resistência à compressão para o verde são iguais a 4 e 0,017 MPa, respetivamente, enquanto que para os pellets secos (tempo de secagem de 3 dias) a resistência ao dano por queda e a resistência à compressão são iguais a 27 e 0,31MPa, respetivamente

Tabela 1 Caracterização dos granulados produzidos

Tipo de pellets	Pellets verdes	Pellets secos
Número médio de gotas	**4**	**27**
Média	**0.017**	**031**

Resistência ao esmagamento, MPa.

6.2 Efeito do caudal de hidrogénio na redutibilidade dos resíduos de El-Dekhila após a peletização a 900°C

A figura 5 mostra o efeito de diferentes caudais na percentagem de redução das pastilhas de resíduos de óxido de ferro de El-Dekhaila quando a redução foi feita a uma temperatura constante (900°C) e o peso da amostra foi constante. É evidente que, à medida que o caudal de hidrogénio aumenta, a percentagem de redução aumenta. Isto pode dever-se ao facto de o aumento do caudal levar a um aumento do número de moles de hidrogénio na fase a granel, o que, por sua vez, leva a um aumento da adsorção de hidrogénio. Deste modo, a taxa de reação aumenta (24, 27-28) ou o aumento do caudal aumenta a difusão do gás através da camada limite, aumentando subsequentemente (24, 27 - 29). Também pode ser o maior caudal prevalecente na zona de reação que aumenta a taxa de absorção de hidrogénio e, subsequentemente, a taxa de etapas da reação química aumentada (27, 30).

6.3 - Efeito da variação da temperatura na percentagem de redução

A fim de examinar o efeito da temperatura na redução de pellets de resíduos de El-Dekhaila (5-7 mm) por um fluxo de hidrogénio de 2 L/min, foram realizadas experiências a 700 - 950ºC. Os gráficos da percentagem de redução em função do tempo são apresentados na Fig. 6. A partir desta figura, é claro que o aumento da temperatura causa um aumento na extensão da redução, como observado anteriormente [1, 31, 32]. O aumento da percentagem de redução com a temperatura pode dever-se ao aumento do número de moles em reação com excesso de energia, o que leva ao aumento da taxa de adsorção. Além disso, o aumento da temperatura leva a um aumento da taxa de transferência de massa da difusão e da taxa de reação química (1, 23, 29, 30 e 33).

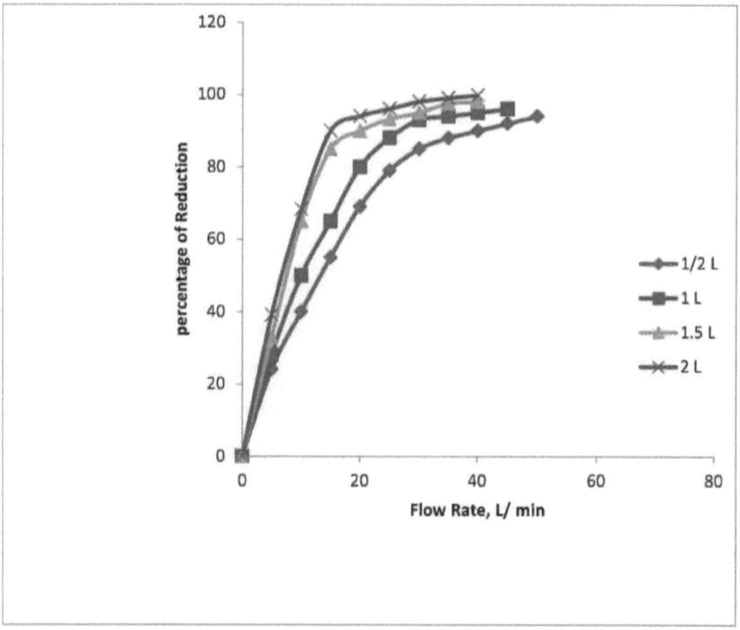

Fig. 5 - Efeito do caudal de hidrogénio na redução de pellets de resíduos de El-Dekhaila

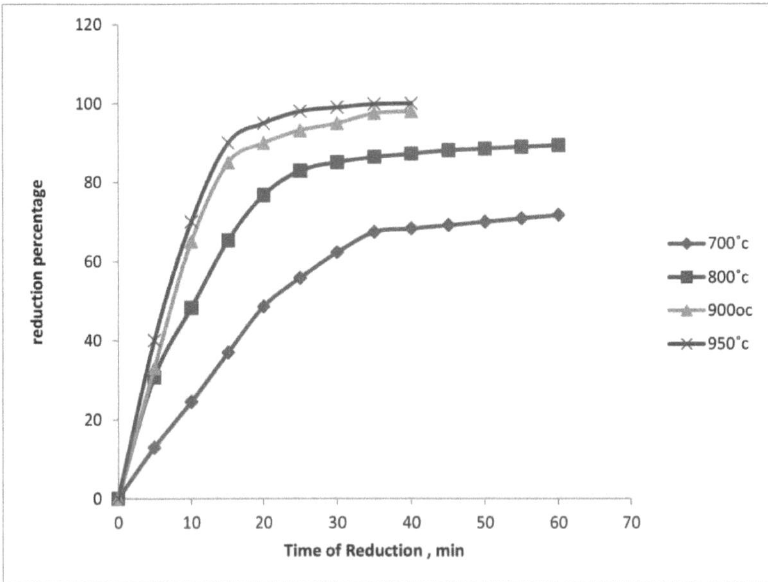

Fig.6 - Efeito da temperatura de redução na redução de pellets de resíduos de El-Dekhaila

6.4 . Cinética de redução de pellets de resíduos de El-Dekhaila

Os estudos cinéticos para estimar as energias de ativação aparentes foram realizados para as pastilhas a diferentes temperaturas, desde 700°C até 950°C, para diferentes intervalos de tempo na gama de 0 - 60 min.

Utilizar

1- equação de controlo do processo de difusão (equação de Jander e Anorg) [1,24, 34-35]

$$[1 - (1\text{-}R)^{1/3}]^2 = kt$$

2- Avrami-Erofeev n=1

$$[-\ln(1\text{-}R)] = kt$$

Onde R é a redução fraccionada, t é o tempo de redução, k é a constante de velocidade.

A Fig.7 ilustra a relação entre $[1 - (1\text{-}R)^{1/3}]^2$ e o tempo de redução para diferentes temperaturas de redução. A partir da qual é evidente que foi observada uma linha reta.

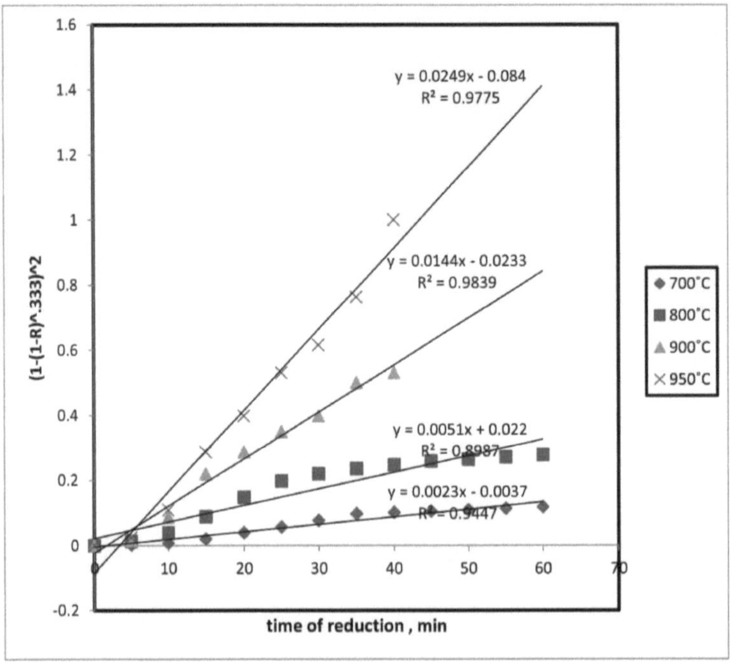

Fig.7 A relação entre [1 - (1-R)] e o tempo de redução

Os logaritmos naturais foram utilizados de acordo com a equação de Arrhenius para calcular as energias de ativação da reação de redução. Os resultados estão ilustrados na Fig.8, de onde se conclui que a energia de ativação é de 93,43 kJ/ mol.

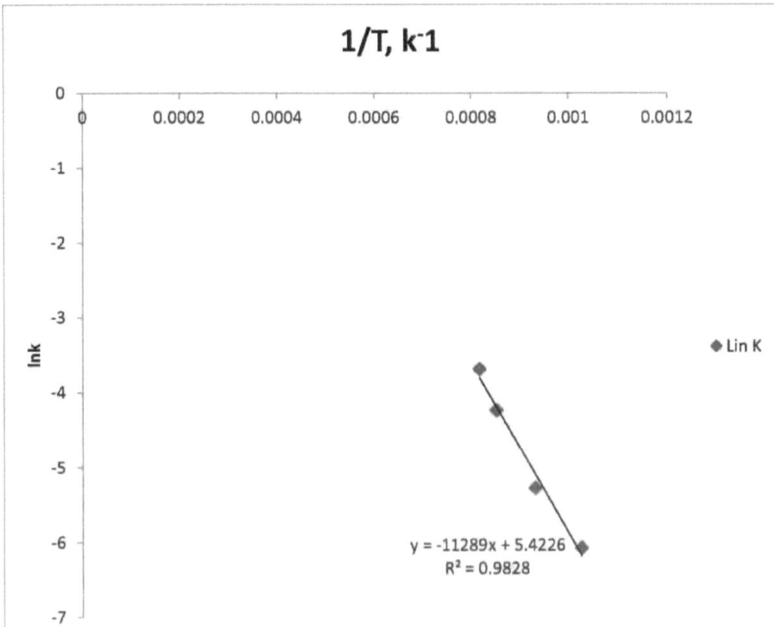

Fig.8 Relação entre ln k e 1/T, K^{-1}

A Fig.9 ilustra a relação entre -ln(1-R) e o tempo de redução para diferentes temperaturas de redução. A partir da qual é evidente que foi observada uma linha reta.

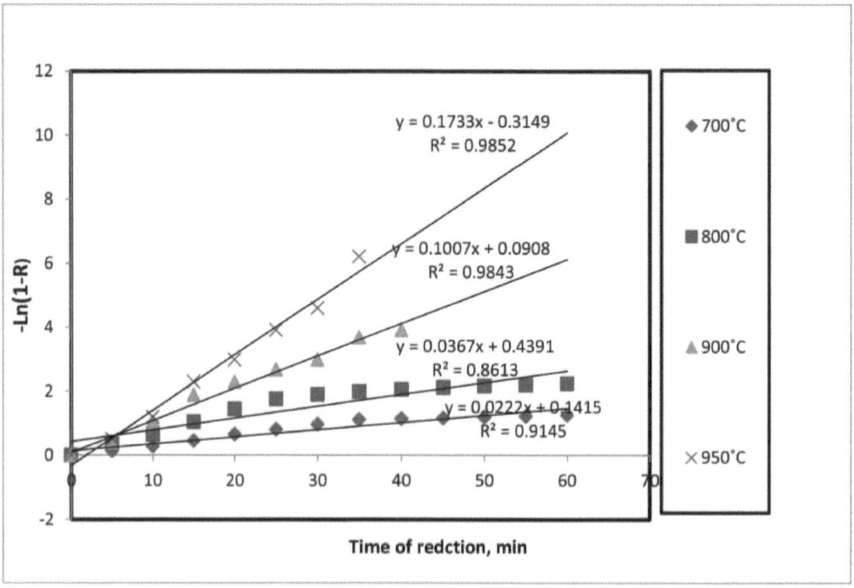

Fig.9 A relação entre -ln(1-R) e o tempo de redução para diferentes temperaturas de redução

Os logaritmos naturais foram utilizados de acordo com a equação de Arrhenius para calcular as energias de ativação da reação de redução. Os resultados estão ilustrados na Fig.10, de onde se conclui que a energia de ativação é de 80,8 kJ/ mol.

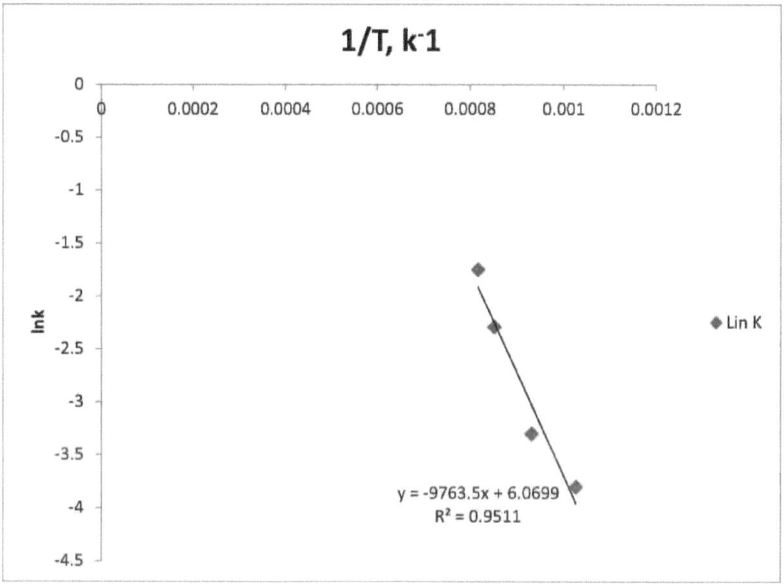

Fig.10- Relação entre ln k e 1/T , K^{-1}

6. 5 Análises de raios X das pastilhas reduzidas

As figuras 11 mostram as fases produzidas após a redução pelo hidrogénio a 700 e 950 °C. A partir destas figuras é claro que à temperatura de 950 °C a redução está quase concluída e toda a hematite quase convertida em ferro metálico.

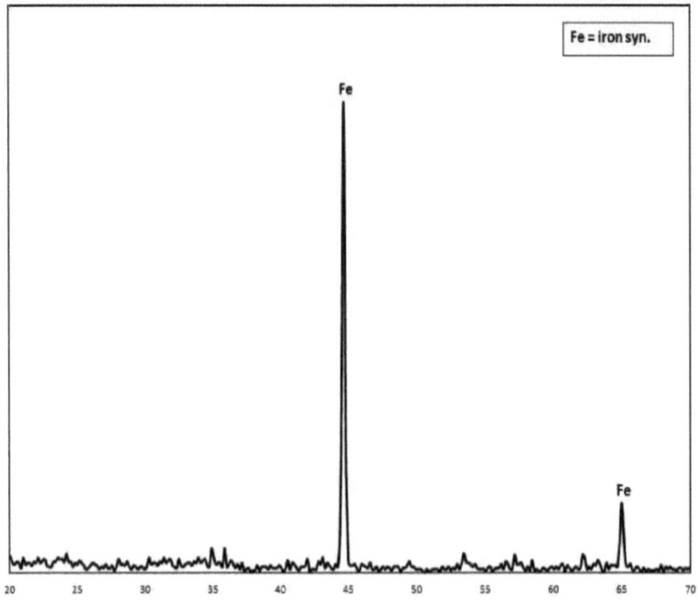

Fig.11 Análises de raios da amostra de pellets reduzidos por hidrogénio a 950 C

Conclusões

Neste estudo, os resultados indicam que:

1. As taxas de redução das pastilhas com hidrogénio aumentam com o aumento da temperatura de redução de 700 para 950°C.

2. A taxa de redução aumentou com o aumento do caudal de hidrogénio a uma temperatura de redução constante.

3. Os processos de difusão através dos briquetes produzidos ou Avrami-Erofeev n=1 aew a etapa de controlo da redução e os pellets .

Referências

1-N.A. El-Hussiny , Hala. H. Abd El-Gawad , F.M.Mohamed , M.E.H. Shalabi, Estudo sobre a redução de briquetes de resíduos de óxido de ferro de El-Dekhaila por gás hidrogénio , International Journal of Scientific & Engineering Research, Volume 6, Issue 8, August-2015 , 1528 - 1534

2-H.K. Pinegar, M.S. Moats, and H.Y. Sohn, Process simulation and economic feasibility analysis for a hydrogen-based novel suspension ironmaking technology, Steel Res. Int., 82(2011), No. 8, p. 951.

3-H.T. Wang e H.Y. Sohn, Cinética de redução de hidrogénio de partículas de concentrado de magnetite relevantes para um novo processo de fabrico de ferro instantâneo, Metall. Mater. Trans. B, 44(2013), No. 1, p. 133.

4-D. Wagner, O. Devisme, F. Patisson, and D. Ablitzer, A laboratory study of the reduction of iron oxides by hydrogen, [in] The 135th TMS Annual Meeting Proceeding, San Diego, 2006, p. 111.

5- J. Dang, G.H. Zhang, X.J. Hu, e K.C. Chou, Cinética de redução não isotérmica de titanomagnetite por hidrogénio, Int. J. Miner. Metall. Mater., 20(2013), No. 12, p. 1134.

6-Hsin-Yu Lin , Yu-Wen Chen , Chiuping Li , The mechanism of reduction of iron oxide by hydrogen, Thermochimica Ata .Volume 400, números 1-2, 17 de abril de 2003, página 61-67.

7-Damien Wagner, Olivier Devisme, Fabrice Patisson e Denis Ablitzer, "A Laboratory study of the reduction of iron oxides by hydrogen", Sohn International Symposium, 27-31 Aug. 2006, San Diego. Actas editadas por F. Kongoli e R.G. Reddy, TMS, vol. 2, pp. 111-120

8- A. Pineau, N. Kanari, I. Gaballah , Kinetics of reduction of iron oxides by H2 .Part I: Low temperature reduction of hematite, Thermochimica Ata 447 (2006) 89-100

9-Asima Priyadarsini & Itishree Mishra , Reduction kinetics of iron ore pellets and the effect of binders , A Thesis Submitted in partial fulfilment the requirements for the degree of Bachelor of Technology In Metallurgical and Materials Engineering ,Department of Metallurgical and Materials Engineering , National Institute of Technology Rourkela 2007

10-Raymond Longbottom e Leiv Kolbeinsen, Redução de minério de ferro com misturas gasosas de CO e H2 - Modelação termodinâmica e cinética, Actas do 4° Seminário Ulcos, 1 e 2 de outubro de 2008, Nova Redução Direta (DR), pp. 1-12

11- F.M. Mohamed, Y.M.Z. Ahmed, M.E.H. Shalabi," Uses of iron oxide wastes with iron ore concentrate in sintering process", The Journal of Ore Dressing,10, 19 ,13-33, 2008.

12- Siyi Luo , Yangmin Zhou e Chuijie Yi , Redução direta em dois passos de pellets de minério de ferro através da utilização de biomassa: Efeitos da temperatura de pré-aquecimento, tamanho e composição das pelotas , J. Renewable Sustainable Energy 5, 06 , 3114 (2013);

13- Hai-bin Zuo , Cong Wang, Jie-ji Dong , Ke-xin Jiao , and Run-sheng Xu , Reduction kinetics of iron oxide pellets with H2 and CO mixtures , International Journal of Minerals, Metallurgy and Materials Volume 22, Number 7, July 2015, Page 688 -696 International Journal of Minerals, Metallurgy and Materials ,Volume 22, Number 7, July 2015, Page 688

14- Meyer K, "Pelletization of Iron Ores", Springe: Verlag. Berlim, Heidelberg, (1980).

15- Forsmo S.P.E., Apelqvist A.J., Bjorkman B.M.T. e Samskog P.O., "Binding mechanisms in wet iron ore green pellets with a bentonite binder", Powder Technology 169,(2006), 147-158.

16- Forsmo S.P.E., Samskog P.O. , e Bjorkman B.M.T., "A study on plasticity and compression strength in wet iron ore green pellets related to real process variations in raw material fineness", Powder Technology 181,(2008).321-330.

17- Nafeaa I.A., Zekry A.F., Farag A.B., Khalifa M.G., El-Hussiny N.A. e Shalabi M.E.H., "Estudo cinético da formação de titanatos de sódio por torrefação de carbonato de sódio e concentrado de minério de ilmenite", Indian Chemical Engineer, (2013), 1-11.

18- Nagwa Mohamed Hashem, Bahaa Ahmed Salah, Naglaa Ahmed El-hussiny, Said Anwar Sayed, Mohamed Gamal Khalifa e Mohamed El-Menshawi Hussein Shalabi , "Reduction kinetics of Egyptian iron ore by non coking coal , International Journal of Scientific & Engineering Research, Volume 6, Issue 3, 846- 852, March- 2015.

19- Naglaa Ahmed El-Hussiny ,Inass Ashraf Nafeaa, Mohamed Gamal Khalifa , Sayed Thabt.AbRahim,Mohamed El-Menshawi Hussein.Shalabi, "Sinterização do briquete de minério de ferro egípcio com cal e redução do mesmo através de hidrogénio", International Journal of Scientific & Engineering Research, volume 6, Issue 2, pp.1318-1324, fevereiro-2015.

20- F. M. Mohamed, Y. M. Z. Ahmed e M. E. H. Shalabi, "Briquetting of waste manganese ore sinter fine using different binding materials," Environmental Issues and Waste Management in Energy and Mineral Production Swemp, 2004, pp. 567573.

21- El-Hussiny, N.A. e Shalabi, M.E.H., "A self-reduced intermediate product from iron and steel plates waste materials using a briquetting process", Powder Technology, 205, 217-223, 2011.

22- N. M. Gaballah, A. F. Zikry, M. G. Khalifa, A. B. Farag, N. A. El-Hussiny, M. E. H. Shalabi , "Production of iron from mill scale industrial waste via hydrogen", Open Journal of Inorganic Non-Metallic Materials, 3, 23-28 , 2013.

23- Naglaa Ahmed El-Hussiny, Atef El-Amir, Saied Thabet Abdel-Rahim, Khaled Elhossiny e Mohamed El-Menshawi Hussein Shalabi , "Cinética da redução direta do briquete de concentrado de titanomagnetite produzido a partir de rossetta-ilmenite através do hidrogénio" oalibj2 agosto de 2014 , Volume 1 , e662

24- - Naglaa Ahmed El-Hussiny , Hassan Hussein Abdul-Wahab , Mohamed Mahmoud Ali ,Abdud-Lattif Abdel-Motagally Omar , Mohamed El-Menshawi Hussien Shalabi e Mohamed Reda Moharm , "Effect of grinding time of mill scale on the physicochemical properties of produced briquettes and its reduction via hydrogen", oalibj , October 2014 , Volume 1 , e1016.

25- Lu, W.K e Huang, D.F., 2003. Mecanismos de redução de aglomerados de minério de ferro/carvão. Mineral Processing and Extractive Metallurgy, Vol.24, p. 293 - 324.

26- Sterneland, J., Andersson, M.A. e Joussn, P.G., 2003. Comparação da redução de minério de ferro em alto-forno experimental e simulação à escala laboratorial do processo de alto-forno. Jour. Iron making and steelmaking, Vol.30, No.4, p. 313 - 327.

27- N. M. Gaballah , A. F. Zikry , M. G. Khalifa , A. B. Farag ,N. A. El-Hussiny e M. E. H. Shalabi , "Kinetic reduction of mill scale via hydrogen", Science of Sintering, 46 ,107-116 , 2014.

28- Shalabi M.E, "The kinetics of reduction of Baharia iron ores with bed", M.Sc., El-Tabbin Metallurgical Institute for Higher Studies, (1973).

29- S.A. Sayed, G. M. Khalifa, E.S.R. El-Faramawy e M.E.H.Shalabi, "Kinetic reduction of low manganes iron ore by hydrogen," Egyptian Journal of Chemistry, 45, 1, 47-66, 2002.

30- S.A. Sayed, G.M. Khalifa, E.S.R. El-Faramawy e M.E.H.Shalabi, "Reductions kinetic of El-Baharia iron ore in a static bed," Gospodarka Surowcami Mineranymi, Vol. 17, Special Issue, pp. 241-245, 2001.

31-A. Bonalde, A. Henriquez, and M. Manrique, Kinetic analysis of the iron oxide reduction using hydrogen-carbon monoxide mixtures as reducing agent, ISIJ Int., 45(2005), No. 9, p. 125.

32- H.J. Ryu, D.H. Bae, K.H. Han, S.Y. Lee, G.T. Jin, e J.H. Choi, Caraterísticas de oxidação e redução de partículas transportadoras de oxigénio e cinética de reação por modelo de núcleo não reagido, Korean J. Chem. Eng., 18(2001), No. 6, p. 831.

33- Nafeaa, I. A. ; Zekry, A. F. ; Khalifa, M. G. ; Farag, A. B. ; El-Hussiny, N. A. e Shalabi, M. E. H , Cinética de Reação de Torrefação de Cinza de Soda e Concentrado de Minério de Ilmenita para Formação de Titanatos de Sódio. TIMS BULLETIN , V.100, julho, 2012, 42-71.

34-Jander, W. e Anorg, Z., "Kinetic Model for Solid-State Reactions", Zeitschriftfür Anorganische und Allgemeine Chemie, 163, 1-30, 1927.

35-Ammar Khawam, "Application of solid state kinetics to desolvation reactions", tese de doutoramento em Farmácia no Graduate College da Universidade de Iowa, maio de 2007.

MIX
Papier aus verantwortungsvollen Quellen
Paper from responsible sources
FSC® C105338

Printed by Books on Demand GmbH, Norderstedt / Germany